# BEI GRIN MACHT SICH IHR WISSEN BEZAHLT

- Wir veröffentlichen Ihre Hausarbeit, Bachelor- und Masterarbeit

- Ihr eigenes eBook und Buch - weltweit in allen wichtigen Shops

- Verdienen Sie an jedem Verkauf

Jetzt bei www.GRIN.com hochladen und kostenlos publizieren

**Bibliografische Information der Deutschen Nationalbibliothek:**

Die Deutsche Bibliothek verzeichnet diese Publikation in der Deutschen National-
bibliografie; detaillierte bibliografische Daten sind im Internet über http://dnb.d-
nb.de/ abrufbar.



**Impressum:**

Copyright © 2012 GRIN Verlag, Open Publishing GmbH
Druck und Bindung: Books on Demand GmbH, Norderstedt Germany
ISBN: 9783668435124

**Dieses Buch bei GRIN:**

http://www.grin.com/de/e-book/358143/kartierbericht-der-gesteinsschichten-der-
insel-kreta-geologie-tektonik

Alexander Heinz, Maximilian Kessler

# Kartierbericht der Gesteinsschichten der Insel Kreta. Geologie, Tektonik, Gefügedaten und repräsentative Aufschlüsse

## Gebiet um Mochlos

GRIN Verlag

# Kartierbericht Kreta

am
Institut für Geowissenschaften der Goethe-Universität Frankfurt am Main
Zeitraum: 1.9. bis 14.9.2012

Eingereicht von:
Alexander Heinz und Maximilian Kessler
5. Semester Geowissenschaften (BSc.)
Datum: 19. Dezember 2012

# Kartiergebiet 3 für Anfänger

# Inhaltsverzeichnis

# 1. Einleitung

## 1.1 Geographischer Überblick des Kartiergebietes

Die Insel Kreta befindet sich in der Ägäis im östlichen Mittelmeer, ungefähr 160 km süd-südöstlich des griechischen Festlandes bei 37° nördlicher Breite und zwischen 23,5° und 26,4° östlicher Länge. Die längliche Insel erstreckt sich über etwa 260 km in ost-westlicher Richtung, von der Nord- zur Südküste sind es nur etwa 60 km, an der schmalsten Stelle bei Iapetra sogar nur 12km. Sie befindet sich an einem aktiven Plattenrand, an dem der afrikanische Kontinent mit der eurasischen Platte kollidiert, mit einer nach Norden gerichteten Subduktion.

Das in diesem Bericht beschriebene Kartiergebiet befindet sich südöstlich des Dorfes Mochlos. Vor der kleinen Gemeinde liegt eine gleichnamige Insel im Mittelmeer.

## 1.2 Geologischer Überblick des Kartiergebietes

Kreta stellt den südlichsten aufgeschlossenen Teil des hellinidischen orogenen Bogens dar, der durch die Konvergenz der beiden Kontinentalplatten ab dem unteren Eozän vor circa 50 MA entstanden ist. Die Konvergenz hat eine nordost-südwestliche Richtung und weist auch heute noch Bewegungsraten von etwa 3 bis 4 cm pro Jahr auf. Im fore-arc Bereich der Subduktion, zu dem auch Kreta gehört, herrschen kompressive Bedingungen, die auch für die Deckentektonik des heutigen Kreta verantwortlich sind. Der back-arc Bereich hingegen ist durch die stetige Verlagerung der Subduktion (man spricht auch von "subduction rollback") in südöstlicher Richtung von einer Dehnung der Kruste geprägt, was zur Bildung eines back-arc-basins - des heutigen ägäischen Meeres - und zur Krümmung der gesamten Orogenfront führte. Die Vulkaninsel Santorino in der Ägäis ist ein Beispiel für den für back-arc Bereiche typischen Vulkanismus.

Das heutige Kreta ist von einer deckentektonischen Abfolge aus mehreren kristallinen Komplexen, sowie metamorph überprägten Sedimenten und Vulkaniten geprägt. Die kristallinen Komplexe von Mirsini (MCC), Chamezi (CCC), Kalavros (KCC) und Vai (VCC) lösten sich als Mikroterrane während des frühen Paläozoikum vor etwa 500 MA vom Südkontinent Gondwana. Diese auch als minoitische Terrane bezeichneten Komplexe wanderten zunächst nach Norden. Durch einen Wechsel des tektonischen Regimes während des Karbon und die damit verbundene Subduktion des dazwischen liegenden Ozeanbodens wurden Mirsini- (MCC) und Chamezi-Komplex (CCC) und später auch der Kalavros-Komplex (KCC) wieder an Gondwana akkretioniert und dabei gestapelt. Durch die Subduktion kam es ab dem mittleren Perm (~260 MA) zu andesitischer vulkanischer Aktivität im back-arc Bereich, die zur Ablagerung der Vulkanite der Tyros Einheit (Ty) im fore-arc Bereich auf dem kurz zuvor akkretionierten Kalavros Komplex (KCC) führte.

MCC, CCC, KCC und Tyros Einheit (Ty) werden auch zusammenfassend als Cimmeria (Ci) bezeichnet. In den im back-arc Bereich durch subduction rollback entstandenen Becken begann zu dieser Zeit die Sedimentation des Plattenkalk (PK) und des Phyllit-Quarzits (PQ). Während der beginnenden Subduktion des Vai Komplexes (VCC) in der Oberen Trias (~200 MA) führte ein erneuter Wechsel des tektonischen Regimes zur Öffnung des Pindos Ozeans, der den Vai Komplex teilte, und weiterer flacher Becken auf einem Teil des Vai Komplexes selbst, wo sich über die nächsten 150 MA Sedimente ablagern konnten: die Tripolitza Einheit (Tr) in den flachen Becken des Vai Komplexes sowie die Pindos Einheit (Pi) im Pindos Ozeanbecken. Zeitgleich begann im back-arc Bereich der vorangegangen Subduktion die Ablagerung der Trypali Einheit (Try) Während des Kanäozoikums (~30 MA) führten konvergente Bewegungen zur nördlich gerichteten Unterschiebung des Gondwana Basements

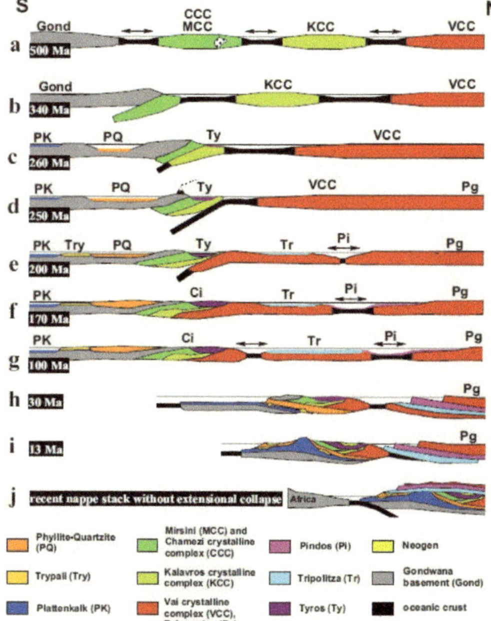


Abbildung 1: Evolution der kretaischen Decken.

mit den darauf abgelagerten Sedimenten der Plattenkalk-(PK), Phyllit-Quarzit- (PQ) und Trypali-Einheiten (Try) unter den Cimmeria Verbundkomplex. Zeitgleich bildete sich durch die Schließung des Pindos Ozeans weiter nördlich ein Deckenstapel bestehend aus den sedimentären Pindos- (Pi) und Tripolitza-Einheiten (Tr), sowie dem kristallinen Vai Komplex (VCC). Durch weitere Einengung kam es vor etwa 13 MA zur Kollision dieser beiden Gebiete, bei dieser Kollsion schob sich der südliche Komplex aus Cimmeria und dem Gondwana Basement unter den Deckenstapel der Pindos und Tripolitza Einheiten. Durch die andauernde Kompression durch die nordwärts gerichtete Bewegung Afrikas wurden diese sedimentären Einheiten weiter auf den südlich gelegenen Komplex aufgeschoben.

## 1.3 Beschreibung des Arbeitsgebietes, Kartiergebiet 3

Das Kartiergebiet befindet sich an der nördlichen Küste im Osten Kretas, etwa 1,5 km südöstlich des Ortes Mochlos zwischen Agios Nikolaos und Sitia. Die gesamte Region um Mochlos ist von einer Ost-West streichenden Muldenstruktur, der sogenannten Mulde von Mirsini geprägt, das südlich davon gelegene Oros-Gebirge aus Plattenkalk bildet eine dazu passenden Sattelstruktur.

Das Arbeitsgebiet, welches sich etwa 1000m in ost-westlicher Richtung sowie zwischen 700m und 1100m in nord-südlicher Richtung erstreckt, grenzt im Norden an bebautes Gebiet bzw. an eine Steilküste zum Mittelmeer. Ein charakteristischer Punkt des Gebietes ist eine Kapelle auf dem mit etwa 100m zweit höchstgelegenen Berg. Eine Erhebung im Süden bildet mit etwa 125m den höchsten Punkt. Eine Küstenstraße sowie diverse kleine Wanderpfade durchziehen das Bereich. Vereinzelt trifft man auf Gemüsebeete, klar dominierend ist jedoch eine Flora aus Olivenbäumen sowie Hartlaubgewächsen und diversen Trockenpflanzen. Außer dem Mittelmeer im Norden sind keine weiteren Gewässer vorhanden; das südlich gelegene Ende der Karte fügt sich unmittelbar an das 6. Kartiergebiet an.

Abbildung 2: Blick auf den nördlichen Teil des Kartiergebietes und die Kapelle (links = westen).

## 2. Beschreibung der kartierten Gesteinseinheiten

Im Folgenden werden die kartierten, lithologischen Einheiten näher erläutert. Beginnend mit der ältesten Einheit, dem Phyllit der Phyllit-Quarzit-Einheit, sind über das untertriassische Skythium bis in die quartären Strandbereiche des Kartiergebiets diverse Gesteine aufgeschlossen bzw. als Lesesteine gefunden worden. Zudem werden die auf der geologischen Karte verwendeten Farben wiedergegeben.

### Phyllit-Quarzit-Einheit

Phyllit

Die Phyllit-Quarzit-Einheit ist in zwei Untereinheiten geteilt: Violettschieferlagen mit Meta-Siltsteinen sowie die Kalkphyllit-Marmor-Wechselfolge. Beide Untereinheiten enthalten Quarzitlagen, daher werden sie unter dem Begriff Phyllit-Quarzit-Einheit zusammengefasst. In unserem Kartiergebiet wurden jedoch nur die Kalkphyllit-Marmor-Wechselfolgen kartiert. Durch sein Schimmern, den typischen seidigen Glanz der Phyllosilikate und seine feine Foliation lässt sich der Phyllit leicht im Gelände ausmachen. Die Farbe reicht von einem Graubraun bis in gelblich-orangene Töne; die Oberfläche glänzt silbern. Das Gestein ist sehr fragil und brüchig und lässt sich ohne Anstrengung leicht mit der Hand zerkleinern. Häufig ist der Phyllit von dunkelgrauen bis schwach schwarzen, homogenen Marmorschichten durchzogen. Deren Mächtigkeit reicht von unter 1cm bis hin zu 2,5m, im Durchschnitt sind die Bänke eher fein und erreichen eine Mächtigkeit von 1cm bis 10cm. Der Marmor ist im Gegensatz zum Phyllit nur mit dem Hammer zerkleinerbar. Der Phyllit reagiert auf Grund des Kalkgehaltes eindeutig auf Salzsäure; die Marmorlagen im Phyllit zeugen von einer Conodonten-reichen Fauna des frühen Olenekian. Die Foliation des Phyllits weist einen Nord-Süd prolaten Strain auf, vereinzelt treten innerhalb der dunklen Marmore Boudinage auf. Boudins findet man vermehrt im westlichen Teil des Kartiergebietes, in einem Tal mit einigen Ferienwohnungen. Sie spiegeln eine Nord-Süd ausgerichtete Extension wieder. Die wechselgelagerten Schichten des Marmors und des Phyllits streichen gemeinsam in Nord-Südlicher Richtung. Generell sind die kompetenten Schichten in der Umgebung von Basisüberschiebung und Störungszonen intensiv boudiniert und zerschert, sodass das Gestein in manchen Aufschlüssen (z.B. N° 2) den Anschein eines deformierten Kalkkonglomerates erweckt.

Die tektonostratigraphische Abfolge im Arbeitsgebiet beginnt in dieser Einheit, deren Basisüberschiebung nicht aufgeschlossen ist und die sich intern auch nicht weiter gliedern lässt. Als Protolithalter wird ein Zeitraum von Perm bis Ober Skyth (Trias) angenommen.

**Präalpine Basement Einheit**

Amphibolit ■■■■■■

Häufig wird die Phyllit-Quarzit-Einheit von Amphiboliten überlagert. Diese unterlagen im Karbon (ca. 330MA) bei etwa 600°C und 4 kbar einer Metamorphose, anschließend traten sie im Laufe der Trias wieder an die Oberfläche. Während der Alpidischen Orogenese unterlagen sie einer erneuten, nun retrograden Metamorphose (300°C bei 8kbar) durch welche der Amphibolit seinen typisch grünlichen Farbton erhielt - charakteristisch für eine retrograde Chloritisierung. Verwittert weisen sie eine rostbraune Färbung auf, teilweise sind sie spröde, blockartig geschiefert und die Klüfte brüchig. Vereinzelte weiße Bänderungen im Amphibolit sind Indizien für eine Differenzierung (Segregation) von Plagioklas während der karbonischen Metamorphose. Im Kartiergebiet treten die Amphibolite in Höhen von minimal 60m bis in die höchstgelegenen Gebiete von 125m auf, vorwiegend im Süden und Südwesten.

Glimmerschiefer ■■■■■■

Die Phyllite der Phyllit-Quarzit-Einheit sowie die Amphibolite des Präalpinen Basement werden im Kartiergebiet von den Glimmerschiefern und Marmoren derselben Einheit überlagert. Die Glimmerschiefer kommen (mit den Marmoren) in diesen Kartiergebiet auf den am höchsten gelegenen Bergspitzen vor: Im Altkristallin. Generell werden sie von einem dunkelgrauen bis leicht braunen Farbton geprägt, die glimmerreiche Oberfläche erscheint glänzend silbern bis metallisch. Selten ist das Gestein gut aufgeschlossen, häufig ist dessen Präsenz nur anhand von glitzernden Fragmenten und kleinen, stark verwitterten Handstücken auf den Terrassen abzuleiten. Der Glimmerschiefer ist von Quarzadern durchzogen, somit werden interne Faltungen gut sichtbar. Er besteht zum großen Teil aus Biotit, kann aber auch retrograd überprägte Granate führen. Teilweise ist die Farbe auf Grund von Chloritisierung stumpf grünlich. Grund dafür ist die Umwandlung von Mineralen wie Granat und/oder Biotit in Chlorit. Wie der Amphibolit wurden die Glimmerschiefer während der Alpidischen Orogenese retrograd überprägt. Teilwiese sind die Glimmer nicht mehr mit bloßem Auge auszumachen und nur noch mit einer Lupe erkennbar. Vor allem in verwittertem Zustand ist dies der Fall. Teilweise sind in den Störungszonen, hier zwischen Altkristallin und den Chamezi-Schichten, Umwandlungen des Glimmerschiefers in feinkörnigen, dunklen Phyllonit zu erkennen. In dem hier beschrieben Kartiergebiet 3 ist dies aber nicht der Fall. Der Glimmerschiefer liegt nie direkt an einer Störung.


Marmor

Ein weiteres Gestein der Einheit des Präalpinen Basements ist der wegen seiner Härte meist auf den Bergrücken vorkommende grobkristalline und scharfkantige Marmor. So auch im 3. Kartiergebiet. Die Farbe ist hell- bis dunkelgrau; charakteristisch ist der oft vorhandene schwefelige Geruch nach dem Anschlagen mit dem Hammer, der von einer teilweisen Dolomitisierung herrührt. Oftmals ist nicht zu unterscheiden ob das Gestein ansteht, oder ob es sich nur um große Felsblöcke handelt.

Der hellgraue Marmor überlagert den Glimmerschiefer im Kartiergebiet. Aufgrund seines hellen Farbtons und der starken Reaktion mit Salzsäure ist anzunehmen, dass der Protolith dieses Marmors ein Karbonat mit hohem Reinheitsgrad gewesen sein muss. Der äußerste, südöstliche Teil des Berges an dem der Marmor kartiert wurde, zeichnet sich durch einen geringeren Karbonatanteil aus - die HCL Reaktion fällt deutlich schwächer aus. Weder Schieferung noch Faltung sind in dem massiven, kristallinen Marmor zu finden.

Das Altkristallin scheint eine starke interne Deformation erfahren zu haben, vor allem die Grenzen zwischen Glimmerschiefer und Amphibolit lassen sich an der südlich gelegenen Bergkuppe selten über längere Strecken verfolgen.


**Tyros-Einheit**

Metaandesit (Metavulkanit)

Das Altkristallin wird diskordant von einer vulkanosedimentären Abfolge, den Chamezi-Schichten der Tyros-Einheit, überlagert. In diesem Kartiergebiet wurde aus dieser Einheit lediglich die basalen Chamezi Beds in Form von Metaandesit und Kalksteinkonglomerat angetroffen.

Der Metaandesit wird durch eine bogenförmig verlaufende Störung vom Amphibolit bzw. vom Altkristallin im Kartiergebiet getrennt. Er ist zum Teil nur schwer vom Amphibolit zu unterscheiden, beide haben eine ähnliche grüne Farbe, bei sehr starker Verwitterung gibt es kaum Unterscheidungsmerkmale. Der Amphibolit und der Metaandesit sehen sich täuschend ähnlich!

Es gibt jedoch einige Anhaltspunkte, anhand derer man sich im Gelände orientieren kann. Zum Einen die Farbe: Metaandesit erscheint leicht milchig grün, wohingegen der Amphibolit eher in einem dunklen, tiefgrünen Ton vorkommt. Zum Anderen besitzt der Metaandesit helle, aber auch dunkle Feldspat-Einsprenglinge und ist zum Teil foliiert, was bei Amphibolit nicht vorkommt. Er wurde bei 350°C bei 8-9 kbar metamorph überprägt, was zu einer leichten Grünfärbung durch Epidot und Chlorit und der Bildung des Hochdruckminerals Glaukophan führte. In verwittertem Zustand liegt der Metaandesit oft plattig vor. Der Amphibolit hingegen blockig und weiterhin massiv.


Metakalkstein-Konglomerat, Chamezi-Marmor

Die Matrix des Konglomerats welches auf den Metaandesiten aufliegt, ist dunkel, verwittert rötlich und braust bei Kontakt mit Salzsäure. Die Komponenten sind gut gerundet und bestehen aus allen möglichen, zum großen Teil kalkigen Komponenten aus den heute tektonostratigraphisch niedrigeren, aber ehemals hangendenden, älteren Schichten. Auffällig ist oft die weiße Bänderung des Marmors, dessen Komponenten sich in zwei Typen untergliedern: Entweder bestehen sie aus leicht grauem Marmor, Metavulkaniten oder dem kristallinen Basement (Gangquarz oder Orthogneiss), oder aber aus Metaandesit und/oder pyroklastischem Material. Ein prolater Strain ist in allen Konglomeraten der Chamezi Beds zu beobachten.

Abbildung 3: Chamezi Marmor der Tyros-Einheit.

**Neogen**

Das Neogen überlagert am Osthang des Tals zwischen der Villa und der Landstraße zum Gipssteinbruh alles darunter liegende Gestein und bildet dort die gesamte Front-Kuppe. Es hat eine helle, gelblich-graue Farbe und besteht aus mikritischen, bioklastischen Kalksteinen, welche beim HCl-Test stark brausen.

Abbildung 4: Frischer Bruch, Neogen.

**Quartär**

Quartäre Ablagerungen treten in Form von schlecht sortierten Konglomeraten mit hohem Feinkornanteil auf, deren Liefergebiet vor allem das südlich gelegene Ornos-Gebirge (Plattenkalk) darstellt. Zu finden sind diese Sedimente am gesamten Küstenstreifen, sowie in den nördlichen Talausläufern des Kartiergebietes. Durch eine Regression und/oder Hebung Kretas kam es zur teilweisen Erosion dieser Schichten und zu den heutigen Taleinschnitten.

**Bebaute Flächen**

Hierbei handelt es sich um die östlichen Ausläufer der Ortschaft Mochlos. Der Übersicht halber wird das bebaute Gebiet nicht als Quartär gekennzeichnet.

# 3. Geländekarten und Profilschnitte

## 3.1 Geländekarte Geologie

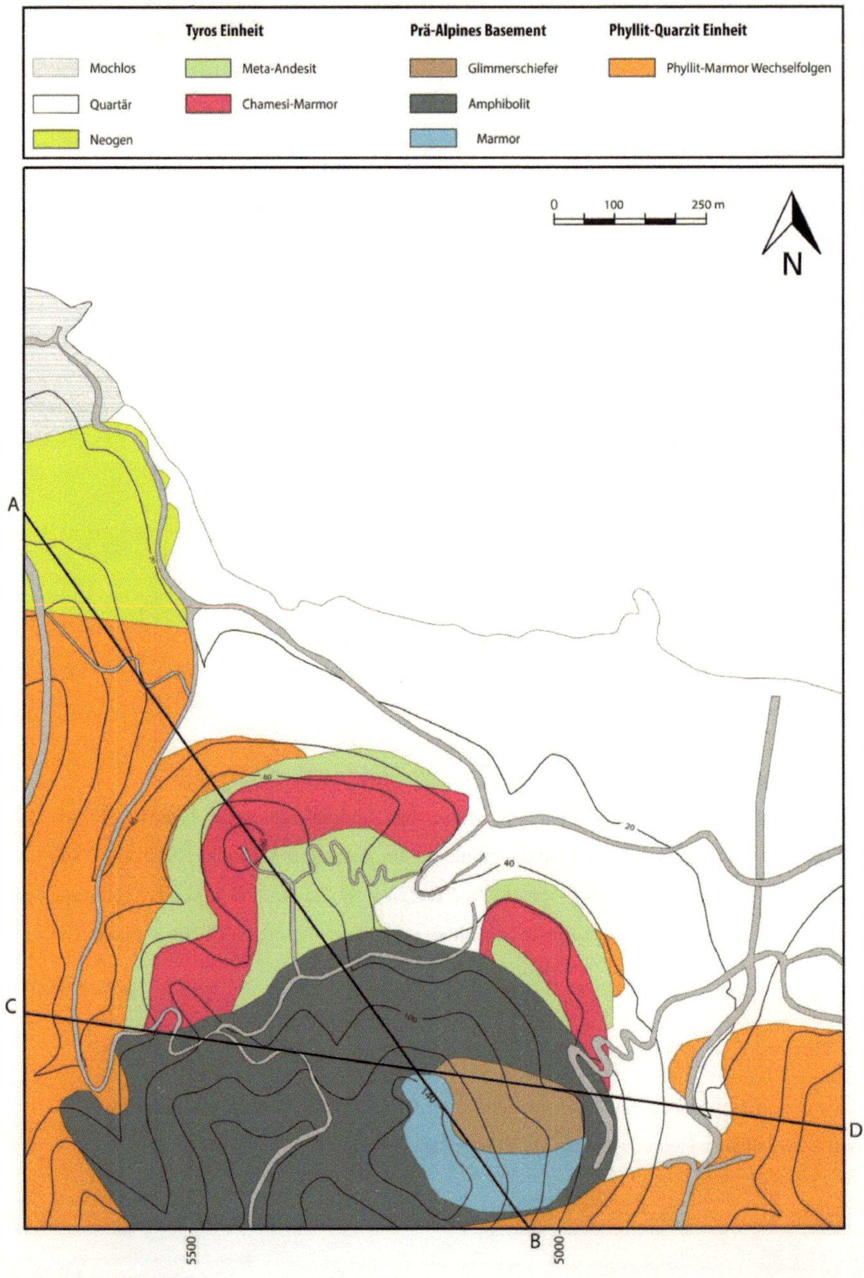

## 3.2 Geländekarte Tektonik

## 3.3 Geländekarte mit Aufschlüssen

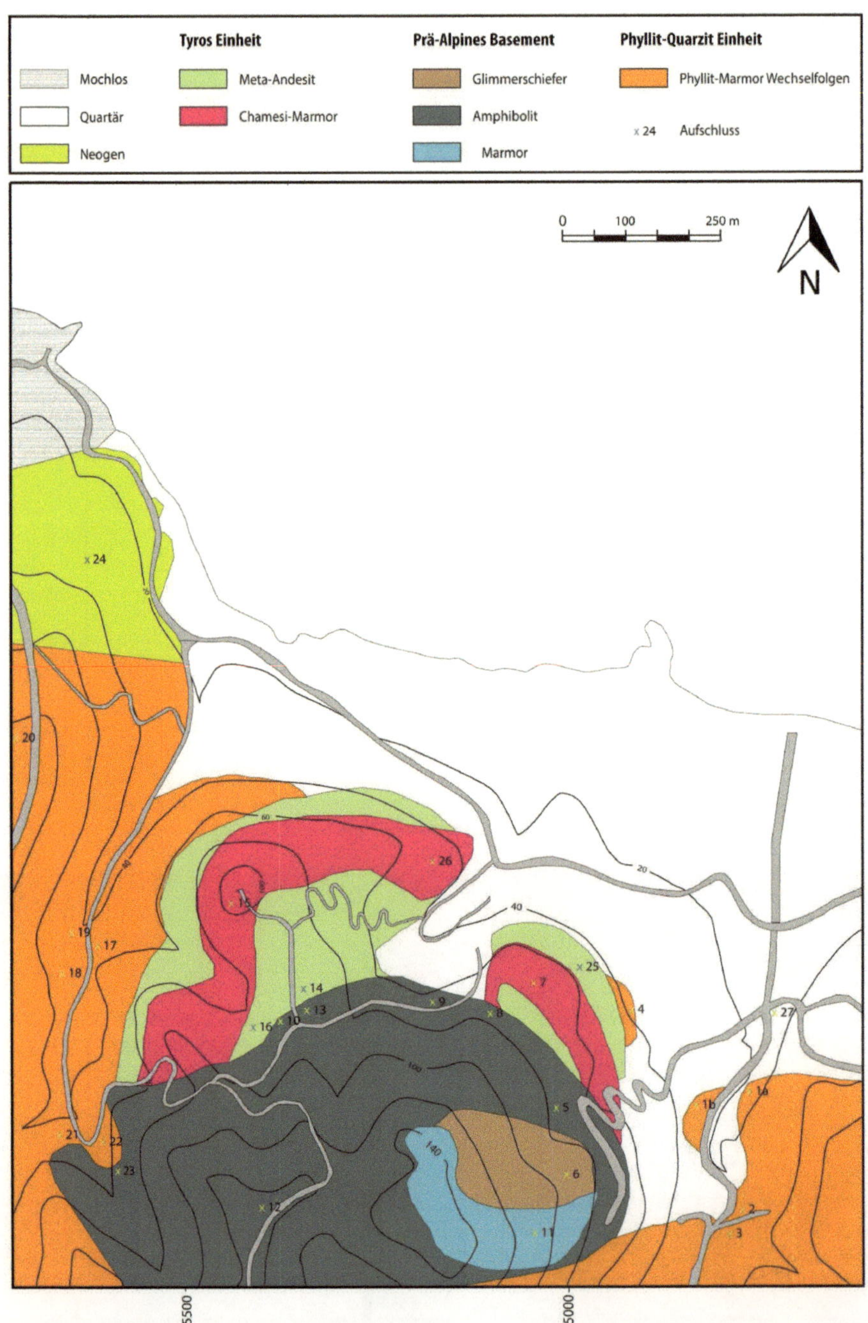

## 3.4 Geologischer Profilschnitt der Strecke AB

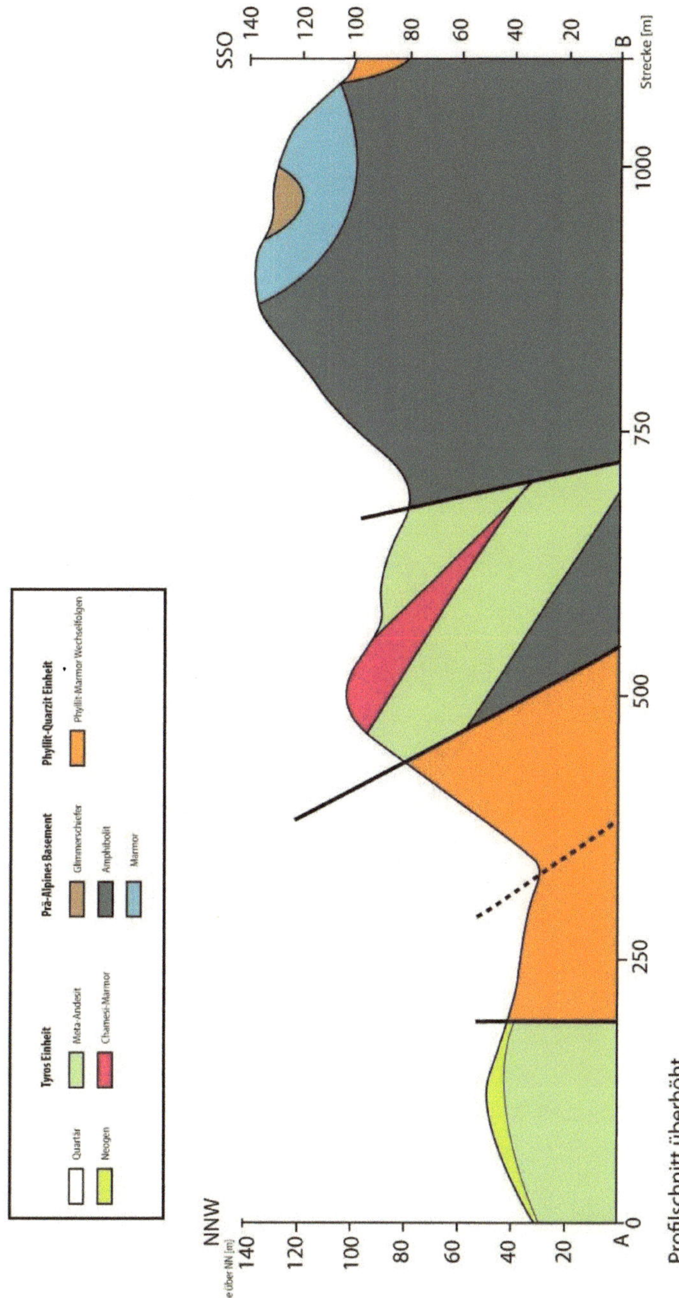

# 3.5 Geologischer Profilschnitt der Strecke CD

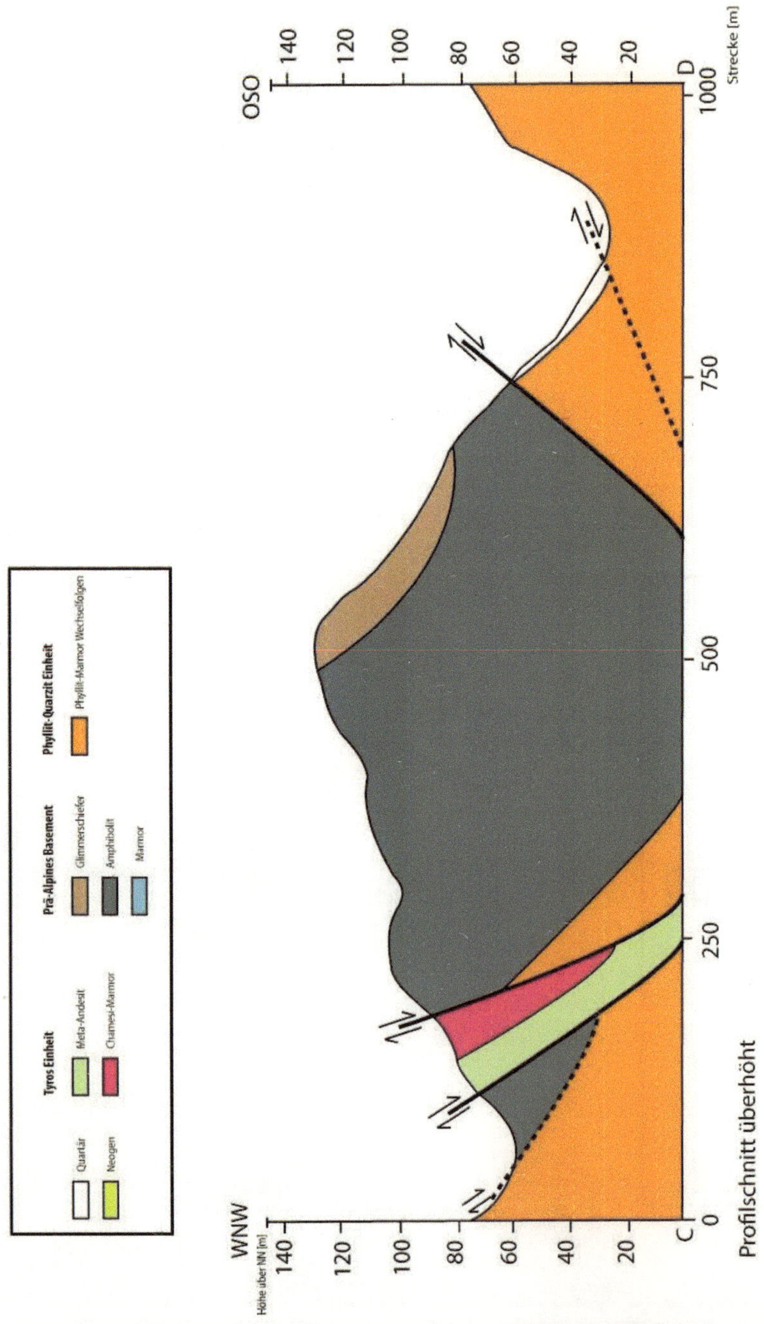

# 4. Tektonik und Lagerungsverhältnisse

Die beiden Gebirgsbildungsphasen in Kretas geologischer Geschichte erlauben die Einteilung der lithologischen Einheiten Kretas auf Grund ihrer unterschiedlichen Metamorphosegrade und Eduktalter. Durch die südlich gerichtete Subduktion des Karbon erfuhren die zu Cimmeria verbundenen Kristallinkomplexe (MCC, CCC und KCC) eine amphibolitfazielle Überprägung. Die Metamorphose erfolgte wegen der magmatischen Aktivitäten im Bereich der Subduktion mit hohen Temperaturen von ~600°C und mäßigem Druck von etwa 4 kbar. Diese Einheiten finden sich im kartierten Gebiet in Form der Einheiten des Altkristallins (Amphibolit, Glimmerschiefer, Paragneis und dolomitisierten Kalken) wieder. Dieses wird von Metaandesit überlagert, der dem subduktionsbedingten andesitischen Vulkanismus entstammt und das unterste Gestein der Chamezi Beds darstellt. Die nach Norden gerichteten Bewegungen der alpidischen Orogenese ab dem Kanäozoikum schoben zunächst die oberjurassische Plattenkalk Serie unter die obertriassische Trypali Einheit, beide Einheiten schoben sich dann unter die permische Phyllit-Quarzit-Serie, es wurden also jüngere Einheiten unter älteren platziert. Dieser inverse Stapel wurde gefaltet und exhumiert bevor er wiederum unter den kristallinen Verbund der Cimmeria mit seiner vulkanischen Überdeckung geschoben wurde. Dies zeigt sich im Kartiergebiet am westlich gelegenen Berg, an dem die Kalkphyllit-Marmor Wechselfolge der Phyllit-Quarzit-Serie von Glimmerschiefer und Amphibolit des Altkristallins überlagert wird, darüber folgt die vulkanische Überdeckung in Form des Metaandesits. Alle Einheiten unterlagen dann einer niedriggradigen Metamorphose mit Temperaturen von ungefähr 300-350°C, wodurch die Präalpinen Einheiten retrograd überprägt wurden. Während des Deckentransports der in nord-südlicher Richtung überschobenen Gesteine nahmen Druck und Temperatur stetig ab, dadurch kam es etwa ab dem frühen Miozän zu einer spröden Faltung. Dies führte im Bereich des Kartiergebietes zur Bildung der Ost-West streichenden Mulde von Mirsini, sowie südlich davon dem Oros Gebirge als zugehörigem Sattel. Durch diese Auffaltung ist womöglich auch der Wechsel der Fallwerte an westlichem und östlichem Berg zu erklären. Die Werte stehen sich konsequent gegenüber: Im Westen fallen die Werte nach Osten ein, im Osten in westliche Richtung. Daraus ergibt sich eine mögliche Muldenstruktur mit nord-südlicher Ausrichtung. Die beiden Flanken bilden die variszischen Teile der Phyllit-Quarzit-Einheit, darauf aufgebaut befindet sich das alpidisch geformte Altkristallin. Im 2. Schnitt der geologischen Karte dieses Berichtes soll diese Situation verdeutlicht werden. Der 1. Schnitt stellt dabei die scharfe Abgrenzung zwischen Altkristallin und der Phyllit-Quarzit-Einheit dar.

Auf die Auffaltung folgt im weiteren Verlauf des Miozäns der gravitative Kollaps der aufgefalteten Strukturen, was mit einer Krustendehnung in nord-südlicher Richtung und der Entstehung von Ost-West streichenden Abschiebungen einhergeht.

Die Entstehung der Störung am westlichen Hang des Berges mit der Kapelle ist dagegen weniger gut zu beschreiben, da hier keine eindeutigen Belege für bestimmte Bewegungen gefunden werden konnten. Zudem konnten die Fortsetzungen im westliche gelegenen Tal auf Grund mangelnder Hinweise in der Morphologie nicht lokalisiert werden, ein Versatz entlang einer Nord-Süd im Tal verlaufenden Störung erscheint jedoch plausibel. Die vermutliche Existenz dieser Nord-Süd verlaufenden Störung wird durch die Ausbisse der Basisüberschiebung des Altkristallin gestützt, die auf dem westlichen Hügel in größerer Höhe erfolgen als auf dem östlichen, demnach erfolgte eine Abschiebung der östlich gelegenen Scholle gegenüber der westlichen, was offenbar mit einer Verkippung der beiden Schollen gegeneinander einherging.

Auffällig ist auch, dass der Phyllit im südlichen Teil des Berges scharf, annähernd im rechten Winkel die Höhenlinien schneidet und aus dem Tal kommend auf die Spitze zulaufend kartiert wurde. Erklärbar ist dies womöglich damit, dass das Altkristallin - wie oben schon erwähnt - Inselartig auf den variszischen Gesteinen aufliegt. Durch zwei mögliche Szenarien sind die Untergrundverhältnisse beschreibar: Die direkte Trennung der beiden Einheiten durch Störungen, oder aber die Ausbildung einer Muldenstruktur. Der Profilschnitt CD verdeutlicht diese Muldenstruktur.

Im Schnitt AB wird unterhalb der neogenen Decke (im nordwestlichen Teil des Kartiergebietes) eine weitere Schicht der Tyros Einheit vermutet und in diesem Fall als Metaandesit im Profil vermerkt. Der Metaandesit ist durch eine annähernd senkrecht stehende Störung vom Kalkphyllit getrennt.

# 5. Tektonische Messwerte

Im Folgenden werden die Tektonischen Messwerte von 27 relevanten Aufschlüssen des Kartiergebietes wieder gegeben. Die dazu gehörige Karte ist auf Seite 13 aufgeführt.

| Aufschluss N° | Kartiereinheit | Aufschlussart | A.-Größe | Einfallen |
|---|---|---|---|---|
| 1a | Phyllit-Quarzit Einheit | Aufschluss am Wegrand | 4m x 3m | 010/10 |
| | | | | 345/09 |
| | | | | 355/08 |
| | | | | 309/11 |
| 1b | Phyllit-Quarzit Einheit | Aufschluss am Wegrand | 2m x 1m | 359/08 |
| | | | | 006/07 |
| | | | | 001/09 |
| 2 | Phyllit-Quarzit Einheit | Aufschluss am Wegrand | 2m x 2m | 358/15 |
| 3 | Phyllit-Quarzit Einheit | Aufschluss am Wegrand | 3m x 3m | 009/25 |
| | | | | 007/21 |
| | | | | 021/22 |
| 4 | Phyllit-Quarzit Einheit | Aufschluss in Böschung | 1m x 1m | 308/06 |
| | | | | 340/05 |
| 5 | Amphibolit | Aufschluss in Olivenhain | 1m x 1m | 220/10 |
| | | | | 177/14 |
| | | | | 191/20 |
| 6 | Glimmerschiefer | Aufschluss in Berghang | 2m x 2m | 309/35 |
| | | | | 004/21 |
| 7 | Chamezi Marmor | Aussichtspunkt auf Berg | 3m x 0,5m | 088/41 |
| | | | | 087/54 |
| | | | | 092/35 |
| 8 | Amphibolit | Aufschluss in Böschung | 1m x 0,5m | 081/13 |
| 9 | Amphibolit | Aufschluss am Wegrand | 1m x 0,5m | 090/13 |
| | | | | 087/15 |
| 10 | Amphibolit | Aufschluss am Wegrand | 1m x 1m | 244/44 |

| Aufschluss N° | Kartiereinheit | Aufschlussart | A.-Größe | Einfallen |
|---|---|---|---|---|
| 10 | Amphibolit | Aufschluss am Wegrand | 1m x 1m | 238/64 |
| | | | | 247/56 |
| 11 | Marmor Altkristallin | Aufschluss in Böschung | 2m x 2m | 042/60 |
| | | | | 058/61 |
| 12 | Amphibolit | Aufschluss am Wegrand | 4m x 1.5m | 072/48 |
| | | | | 063/50 |
| 13 | Amphibolit | Aufschluss am Wegrand | 3m x 1m | 204/13 |
| | | | | 287/30 |
| | | | | 210/29 |
| 14 | Metaandesit | Aufschluss am Wegrand | 3m x 1m | 235/18 |
| | | | | 319/16 |
| 15 | Chamezi Marmor | Aufschluss am Wegrand | 4m x 0,5m | 150/33 |
| | | | | 155/40 |
| | | | | 086/45 |
| 16 | Metaandesit | Aufschluss in Olivenhain | 1m x 1m | 065/36 |
| | | | | 089/30 |
| 17 | Phyllit-Quarzit Einheit | Aufschluss am Wegrand | 3m x 3m | 098/40 |
| | | | | 099/41 |
| | | | | 092/47 |
| 18 | Phyllit-Quarzit Einheit | Aufschluss am Wegrand | 3m x 2m | 094/35 |
| | | | | 099/34 |
| 19 | Phyllit-Quarzit Einheit | Aufschluss in Böschung | 2m x 3m | 331/86 |
| | | | | 337/84 |
| 20 | Phyllit-Quarzit Einheit | Aufschluss an Landstraße | 4m x 1m | 305/13 |
| | | | | 065/19 |
| 21 | Phyllit-Quarzit Einheit | Aufschluss in Taleinschnitt | 2m x 1m | 100/56 |
| | | | | 114/56 |
| | | | | 096/52 |

| Aufschluss N° | Kartiereinheit | Aufschlussart | A.-Größe | Einfallen |
|---|---|---|---|---|
| 22 | Phyllit-Quarzit Einheit | Aufschluss in Olivenhain | 3m x 1m | 149/44 |
|  |  |  |  | 124/49 |
|  |  |  |  | 154/42 |
| 23 | Amphibolit | Aufschluss in Taleinschnitt | 1m x 1m | 237/40 |
|  |  |  |  | 222/22 |
| 24 | Neogen | Aufschluss in Olivenhain | 1mx 1m | - |
| 25 | Metaandesit |  |  | 080/53 |
| 26 | Chamezi Marmor | Aufschluss im Berghang |  | 143/20 |
| 27 | Quartär | Aufschluss am Wegrand | 3m x 3m | - |

Bemerkung: Sämtliche Einfallwerte des Chamezi-Marmors sowie des Marmors aus dem Altkristallin sind sehr ungenaue Messungen, da das Gestein weder Schichtung noch Schieferung aufweist. Es folgen die Rechts- und Hochwerte der 27 Aufschlüsse:

| Aufschluss | Rechtswert / Hochwert | Aufschluss | Rechtswert / Hochwert |
|---|---|---|---|
|  |  | 14 | 400665.60 / 3893188.01 |
| 1 | 401213.70 / 3893175.21 | 15 | 400563.63 / 3893294.04 |
| 2 | 401167.78 / 3892939.80 | 16 | 400630.94 / 3893169.76 |
| 3 | 401156.99 / 3892906.47 | 17 | 400355.97 / 3893148.12 |
| 4 | 401074.41 / 3893170.23 | 18 | 400344.37 / 3893126.84 |
| 5 | 401008.38 / 3892998.33 | 19 | 400341.78 / 3893149.83 |
| 6 | 401000.92 / 3892974.16 | 20 | 400362.55 / 3893511.50 |
| 7 | 400913.20 / 3893221.89 | 21 | 400386.08 / 3893043.24 |
| 8 | 400881.44 / 3893110.49 | 22 | 400407.37 / 3893032.15 |
| 9 | 400821.04 / 3893091.32 | 23 | 400424.24 / 3893014.58 |
| 10 | 400643.43 / 3893163.39 | 24 | 400478.98 / 3893618.41 |
| 11 | 400919.16 / 3892885.75 | 25 | 400978.99 / 3893203.89 |
| 12 | 400679.67 / 3892966.81 | 26 | 400774.52 / 3893404.87 |
| 13 | 400666.58 / 3893164.12 | 27 | 401210.45 / 3893192.77 |

# 6. Darstellung von Gefügedaten (Schmidt'sche Netze)

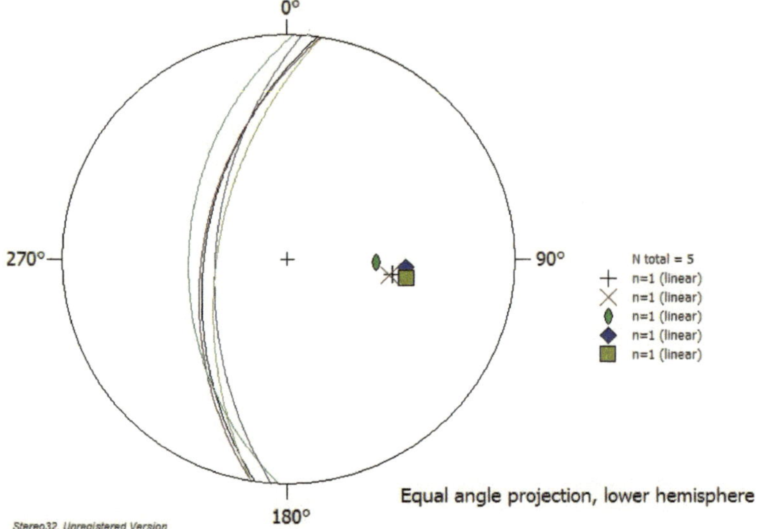


Abbildung 5: Fünf Messungen an den Kalk-Phyllit-Aufschlüssen N° 17 & 18.

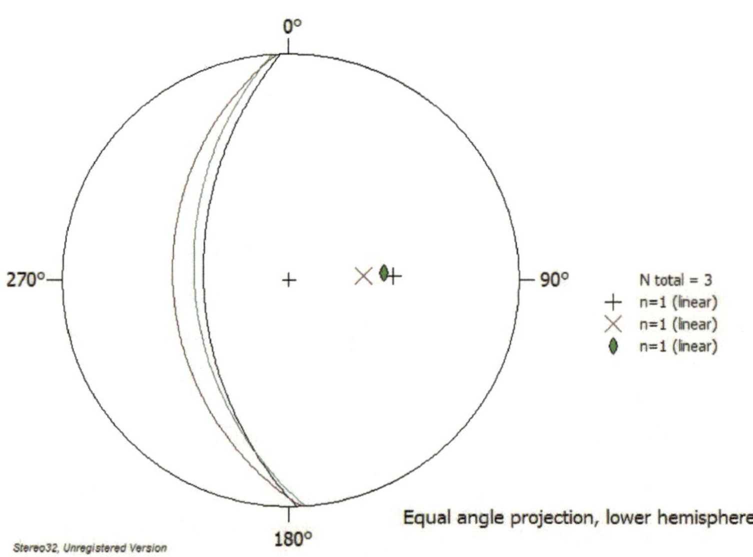


Abbildung 6: Drei Messungen der Chamezi-Marmor Aufschlüsse N° 7 und 15.

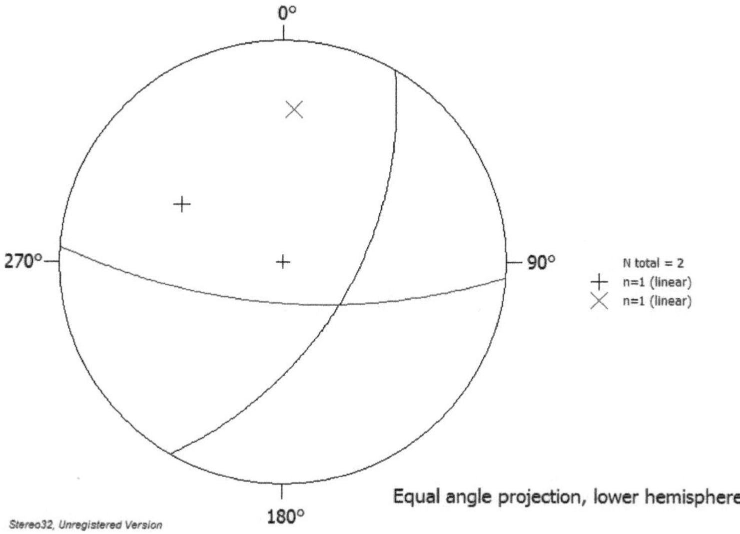


Abbildung 7: Zwei Messungen am Glimmerschiefer Aufschluss N° 6.

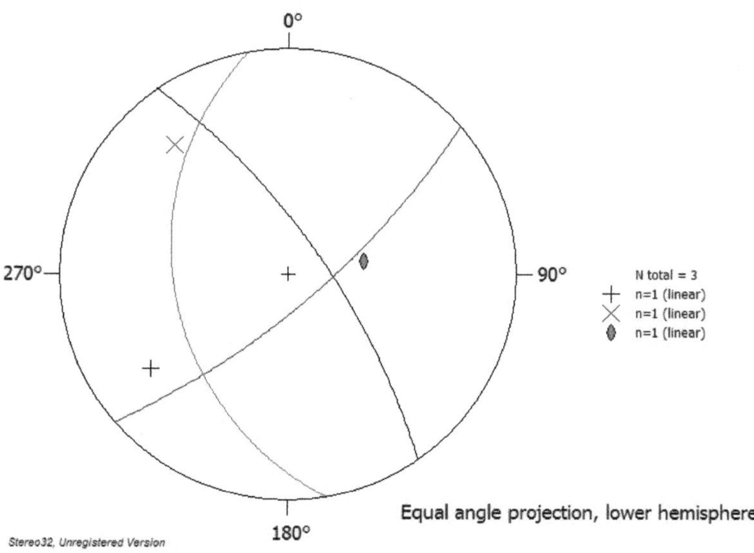


Abbildung 8: Drei Messungen der Metaandesit Aufschlüsse N° 14 & 25.

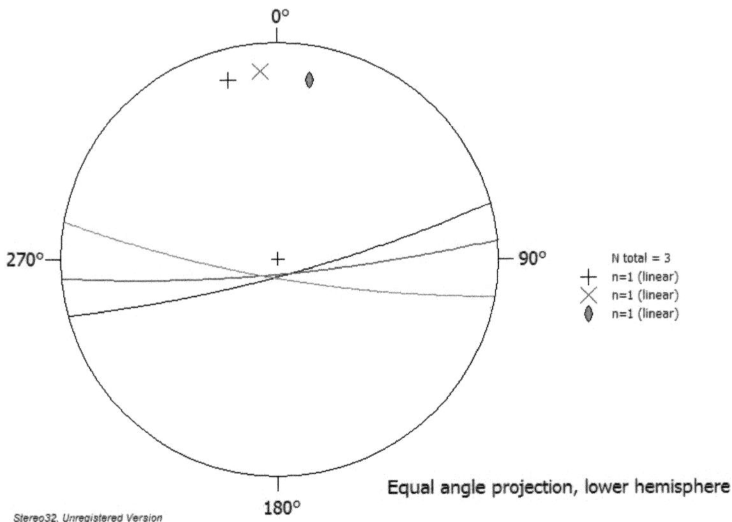

Abbildung 9: Drei Messungen am Kalk-Phyllit-Aufschluss N° 1a.

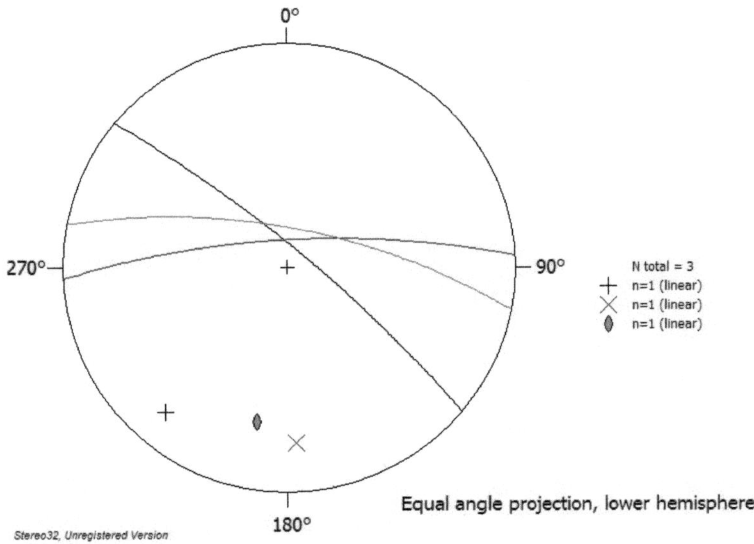

Abbildung 10: Drei Messungen am Amphibolit-Aufschluss N° 5.

# 7. Beschreibung repräsentativer Aufschlüsse

Abbildung 11: Aufschluss N° 27.

Quartär. Dieser Aufschluss befindet sich in einem Tal im Osten des Kartiergebietes. Aufgeschlossen ist hier ein küstennahes Sediment. Gut zu erkennen sind die schlecht sortierten, teils Fußball großen Konglomerate und der hohe Feinkornanteil.

Abbildung 12: Aufschluss N° 2.

Phyllit aus der PQ-Einheit mit dazwischen geschaltetem Marmor. Dieser Bereich an der Mündung einer Talsenke am nordöstlichen Teil des kartierten Gebietes zeigt einige flach nach Nordwesten einfallende Schichten der Kalkphyllit- Marmor Wechselfolge des Phyllit-Quarzit.

Abbildung 13: Aufschluss N°14.

Metaandesit. Die folgenden Kriterien können im Idealfall verwendet helfen, den Metaandesit vom Amphibolit zu unterscheiden: Metaandesit ist leicht kalkig grün, der Amphibolit eher dunkelgrün. Teilweise Feldspat-einsprenglinge im Metaandesit. Der Metaandesit ist eher plattig zusammengesetzt, Amphibolit eher blockig und massiv.

Amphibolit: Dieser Aufschluss in einem Weganschnitt auf der Spitze des nördlich gelegenen Berges zeigt typisch rotbraun verwitterten Amphibolit im unteren Teil. Im oberen Teil erkennt man das "frische", grünliche Gestein. Leider nicht zu erkennen sind hier die für Amphibolit typischen Bänder aus Plagioklas (Bild ca. 1,5m x 1,5m).

Abbildung 14: Aufschluss N° 13.

Amphibolit. Dieses Handstück aus einem Aufschluss eines streng NW-SO verlaufenden Taleinschnittes zeigt das Gestein in einem stark verwitterten, rostbraunen Zustand. Größtenteils wird der Amphibolit in dieser Situation vorgefunden.

Abbildung 15: Aufschluss N° 23.

Marmor aus dem Altkristallin: An dieser Stelle ist ein dunkler, grobkristalliner Kalk des Altkristallin anstehend. Nach anschlagen mit dem Hammer ist ein schwefelartiger Geruch wahrzunehmen, dies weist auf eine Dolomitisierung des Kalkes hin. Dies ist der einzige, eindeutige Aufschluss des Altkristallin-Marmors im Kartiergebiet (Bild ca. 2m x 1,5m).

Abbildung 16: Aufschluss N° 11.

Abbildung 17: Aufschluss N° 20.

Kalkphyllit. Helle, weiche Kalkphyllitlagen umgeben den dunklen und harten Marmor. Dieser bildet Boudins. Der kalkige Phyllit hat ein stark planares Gefüge In diesem Aufschluss sind schwache Faltung sowie eine mit 45° verlaufende, kleinere Störung zu sehen.

Abbildung 18: Aufschluss N° 12.

Amphibolit: An dieser Stelle zeigt er sich ohne seine Bänderung, das Gestein erscheint an dieser Stelle massig und ungewöhnlich hell. Im unteren Teil des Bildes sind einige Quarzadern zu erkennen, was auf eine tektonische Beanspruchung hindeutet (Störung). Die weiße Verfärbung im oberen Bildrand ist eine Flechte.

Abbildung 19: Aufschluss N° 25.

Metaandesit. An der nordöstlich gelegensten Fundstelle dieses Gesteins erscheint es ungewohnt ausgeprägt. Die Verwitterung gibt dem Gestein hier eine typisch grüne Farbe; die Unterscheidung zwischen Metaandesit und Amphibolit fällt in diesem Fall nicht schwer. Allerdings besteht durch den offensichtlichen Lagenbau die Gefahr einer falschen Einordnung des Gesteins. Rein optisch ähnelt der plattige Habitus des Gesteins dem der Kalk-Phyllite.

# 8. Literaturverzeichnis


- Murawski, Hans (2004). Geologisches Wörterbuch. München (Spektrum Verlag)
- Press, Frank (2008). Allgemeine Geologie, Heidelberg (Spektrum Verlag)
- Zulauf, Gernold, et.al; (2008): The Mirsini Syncline of eastern Crete, Greece. A key area for understanding pre-Alpine and Alpine orogeny in the eastern Mediterranean. Stuttgart (ZDGG)
- Zulauf, Gernold (2011). Uni Frankfurt, Skript zur Vorlesung Plattentektonik
- Private Exkursionsmitschriften

- Fotos: Privat

# BEI GRIN MACHT SICH IHR WISSEN BEZAHLT

- Wir veröffentlichen Ihre Hausarbeit,
  Bachelor- und Masterarbeit

- Ihr eigenes eBook und Buch -
  weltweit in allen wichtigen Shops

- Verdienen Sie an jedem Verkauf

Jetzt bei www.GRIN.com hochladen
und kostenlos publizieren